...to be continued

In memory of the father of Dirk L. Feiler and the father of Tanja L. Feiler

....to be continued. Haeschen hat ein Kinderbuch geschrieben, das hat Angelina inspiriert und sie hat über ihre Zeit mit Siri 40 Seiten geschrieben. Ihr Mann Maehi hat sie dabei unterstützt. Das Buch ist inzwischen publiziert. Natürlich sind die Cute Pets neugierig, wie die Resonanz auf die Bücher ist. Michelle freut sich darüber, dass Angelina vegetarisch gekocht hat und das aus Michelles zweitem Buch mit eigenen Kreationen für die vegetarische Küche. Ihr Ehemann X hat vor kurzem eine Charity Kunstausstellung in Pet City gemacht.

Der Erlös geht an die 4 Pfotenhilfe, eine Einrichtung mit modernster Robotertechnik für Tiere in Not. Kleine Androiden, die aussehen wie Wellensittiche senden Signale, die jedes Tier in Not wahrnehmen kann und dann weiß, wo Hilfe ist. Alien und Imhotep haben dann Haeschen einen Alimoreader geschenkt, ein zweiter geht vom Erlös der Kunstausstellung an die 4 Pfotenhilfe. X und seine Frau besuchen heute die Einrichtung, zusammen mit den Erfindern des Alimoreaders, Alien und Imhotep, die auch bei der Entwicklung der

Roboter bei 4 Pfotenhilfe mitgewirkt haben. Pet City ist eine Stadt, die durch ihre Androiden, die Cute Pets und die Solar Tankstelle berühmt wurde. Doch die Cute Pets sind gegen den Presserummel. Lieber als graue Eminenz unterwegs. Imhotep hat eine neue

Schrift erfunden, Alien ist beeindruckt. Die Schrift könnte einen revolutionären Durchbruch in der geisteswissenschaftliche n Welt bedeuten. Amber ist stolz auf ihren Ehemann. Noch hält sich Imhotep zurück mit einer raschen Bekanntmachung. Es ist knifflig, Alien stimmt ihm da voll zu, während Amber da anderer Meinung ist. Sie will helfen, sie ist sich sicher, dass sie das nicht vermasselt. Doch sie hat heute einen Brief erhalten...

Angela ist stolz auf ihre Schwester, obwohl sie auch etwas über Siri erzählen kann, was in ihrem Buch gut gepasst hätte. Jetzt ist Angelina neugierig, doch Angela schmollt. Kitty ist froh, endlich ist ihr neues Knuspermix da. X hat es ihr aus der City mitgebracht. Seine Frau ist mit in die City, doch X war früher als sie wieder zuhause.

Michelle kocht Macceroncini mit Bolognese Soße und lädt alle zum Abendessen ein. Es ist schon eine Zeit her, dass die Cute Pets alle zusammen gegessen haben. X nennt es The Cute Pets alle machen ihr Ding Stimmung, da stimmen alle zu.

...to be concluded

Kitty kommt es so vor, als hätte sie schon Wochen keine Bilder mehr bearbeitet, doch es ist erst ein paar Tage her. Sie hat neue Pic's gemacht und erstellt eine Galerie...

Sie ist gespannt, was die anderen dazu sagen. Als Angela die Picture

Galerie sieht, hat sie eine Idee. Da jetzt die Cute Pets in erster Linie Autoren sind, will sie Imhotep über seine Schrift interviewen, ein paar Bilder von Kittys Galerie verwenden und auch ein Buch schreiben. Sie hat auch schon einen Titel: The secret script of Imhotep. Natürlich erst mal Imhotep fragen. Er hat nichts dagegen, doch Amber ist eifersüchtig. Wenn ein Buch, dann will sie mitarbeiten. Den Titel, den sich Angela ausgedacht hat, gefällt ihr. Doch sie baut erst ihr Trainingsgerät auf und trainiert. Imhotep meint, er muss sich auf das Interview vorbereiten, da könne er nicht mit trainieren. Amber lacht innerlich, klopft ihrem Mann auf die Schulter und macht zum Aufwärmen erst mal zehn Salto Überschläge. Imhotep surft mit seinem Tablet durch das web, reimt sich, was ihn an eine

Folge von The big bang theory erinnert, als Amy sagt, in der Zukunft wird viel gereimt...

...to be yeppa

Imhotep hadert mit Angelas Titel des Buches. Er will, dass The Cute Pets im Titel stehen. Amber überlegt und schlägt einen Kompromiss vor. Als Titelbild nicht nur ihr Ehemann, sondern auch sie. Das findet Imhotep Klasse, der Titel kann so bleiben, jedoch im Untertitel soll The Cute Pets stehen, halt irgendwie in einen wissenschaftlichen Satz gepackt. Da muss Angela lachen. Was sie als erstes braucht, sind Bilder seiner neuen Schrift. Dann beginnt das Interview, natürlich sitzt Amber dabei, wenn auch recht kraftlos nach ihrem Training. Da grinst Imhotep, tja er hats richtig gemacht. Amber kocht Tee, den die drei mit viel Zucker trinken, das macht Amber wieder fit. Dann beginnt das Interview, das die drei Cute Pets in der Lounge oder wie Angela gerne sagt

Launch machen, dem Arbeitszimmer/Meeting Raum. Sie setzen sich auf die kuscheligen Hocker. Maehi hat das gestaltet. Und was die Härte ist, jetzt wo sie einen schönen Meeting Raum mit angrenzendem Raum, in dem die Technik steht, haben alle keine Lust mehr auf

Gespräche   offizieller Natur, deshalb hat X mit seiner The Cute Pets alle machen ihr Ding Stimmung Recht. Doch Angelina ist der Meinung, dass die Samstags um 15 Uhr   stattfindende Gesprächsrunde   wieder starten sollte, schließlich ging es da auch um WG Themen.   Angelina   hat sich vor ein paar Tagen über den überquellenden Mülleimer in der Küche aufgeregt. Jeder stopft weiter und presst dann den Müll zusammen, damit ja der Deckel zugeht. Wie sieht denn das aus, stünde er auf. Angela stellt Imhotep ihre Fragen, der sachlich diese beantwortet. Nach einer Stunde hat Angela alles. Jetzt gehts ans Tablet, denn wie ihre Schwester schreibt sie damit am liebsten. Angela hat X darüber informiert, was Angelina gesagt hat. X simst allen, dass die Samstagsrunde wieder stattfindet. Maehi und Alien freuen sich, Imhotep und seine

Frau sind genervt, Kitty schläft, doch sie stimmt zu. Angela ist nach 40 Seiten fertig und wieder heißt es ...to be continued

For Robert Clemens Feiler and Bodo Roman Zaghini

www.ingramcontent.com/pod-product-compliance
Lightning Source LLC
Chambersburg PA
CBHW070429190526
45169CB00003B/1471